LES FRAISES

ELAINE ELLIOT

Photographies de Julian Beveridge
Traduit de l'anglais par Marie-Claude Rioux

ÉDITIONS CARRÉ ST-LOUIS

CRÉDIT PHOTOGRAPHIQUE :
Toutes les photographies ont été prises par Julian Beveridge, à l'exception de celles mentionnées ci-dessous : Le ministère de l'Agriculture et de la mise en marché de la Nouvelle-Écosse : p.4 ; p.5.

ÉTABLISSEMENTS PARTICIPANTS :
Acton's Grill and Café, Wolfville, N.-É.
Auberge A. Hiram Walker Estate Heritage, St. Andrews, N.-B.
Auberge de campagne Amherst Shore, Lorneville, N.-É.
Auberge de campagne Planters' Barracks, Starrs Point, N.-É.
Auberge de campagne Salmon River House, Rivière-aux-saumons, N.-É.
Auberge Carriage House, Fredericton, N.-B.
Auberge Falcourt, Nictaux, N.-É.
Auberge Harbourview, Smiths Cove, N.-É.
Auberge historique Kaulback House, Lunenburg, N.-É.
Auberge Inn on the Lake, Waverley, N.-É.
Auberge et lieu de villégiature Mountain Gap, Smiths Cove, N.-É.
Auberge Steamers Stop, Gagetown, N.-B.
Catherine McKinnon's Spot O' Tea, Stanley Bridge, Î.-P.-É.
Darlington's on Duke, Halifax, N.-É.
Gîte du passant Murray Manor, Yarmouth, N.-É.
Gîte du passant Wickwire House, Kentville, N.-É.
Hôtel Algonquin, St. Andrews, N.-B.
Hôtel Beauséjour, Moncton, N.-B.
Hôtel Halifax, Halifax, N.-É.
Hôtel Prince Edward, Charlottetown, Î.-P.-É.
Maison Bluenose, Lunenburg, N.-É.
Maison Liscombe, Liscomb Mills, N.-É.
Maison Loon Bay, St. Stephen, N.-B.
Pansy Patch, St. Andrews, N.-B.
Restaurant Palliser, Truro, N.-É.
Seasons in Thyme, Summerside, Î.-P.-É.
The Dundee Arms, Charlottetown, Î.-P.-É.
West Point Lighthouse, West Point, Î.-P.-É.

Dédicace :
Ce livre est dédié à Robert, mon mari, ainsi qu'à nos fils, en guise de remerciement pour leur encouragement et leur appui continuels.

Éditions Carré St-Louis remercie Patrimoine canadien ainsi que le ministère de l'Éducation et de la Culture de la Nouvelle-Écosse pour leur appui au développement de la rédaction et de la publication au Canada.

Données de catalogage avant publication (Canada)
Elliot, Elaine, 1939-
Les fraises
(Maritime Flavours)
Comprend un index.
ISBN 0-88780-446-2
1. Cuisine (Fraises). I. Beveridge, Julian.
II. Titre. III. Collections.
TX813.S9E4414 1998 641.6'475 C98-950017-9

Distribué par
Diffusion Prologue Inc.
1650 boul. Lionel Bertrand
Boisbriand, Québec J7H 1N7

TABLE DES MATIÈRES

INTRODUCTION

Il était tout à fait approprié que le septième livre de la collection de renommée internationale, *Saveurs des Maritimes*, porte sur la fraise. Aussi, j'ai communiqué avec les chefs de plusieurs restaurants et auberges de la région dans le but de vous présenter ces délicieuses recettes. Je les remercie d'avoir encore si généreusement accepté de partager leurs secrets culinaires. De plus, j'ai ajouté quelques recettes de ma collection personnelle pour compléter ce livre. Ces recettes ont été testées et adaptées afin de servir de quatre à six adultes.

Tout est dans la présentation et les chefs cuisiniers connaissent bien l'importance de cet art. De nombreuses photographies ont été prises sur les lieux et elles illustrent superbement les mets — rien de mieux pour montrer comment ces plats sont présentés par leur créateur!

Son goût sucré et tout à fait savoureux fait de la fraise un petit fruit dont tout le monde raffole. Dans les Maritimes, les fraises annoncent l'arrivée de l'été, aux alentours de la fin juin. La récolte dure de trois à quatre semaines. Bien que, pendant la saison, les fraises fraîches soient livrées quotidiennement dans les marchés publics et les magasins d'alimentation, je crois que le passe-temps le plus agréable est sans doute de se rendre cueillir des fraises, par un bel avant-midi. Les auto-cueillettes sont très populaires et nous donnent l'occasion de choisir les fruits les plus frais.

Les variétés importées de la Californie, de la Floride et du Mexique sont disponibles dans les supermarchés à longueur d'année et, bien qu'elles n'aient pas la saveur particulière des fraises locales fraîchement cueillies, elles peuvent agrémenter un menu d'hiver. Les fraises sucrées et non sucrées sont disponibles dans la section des produits surgelés des supermarchés. Quoique la congélation les rende plus molles, elles sont néanmoins excellentes dans les recettes qui requièrent des fruits cuits ou en purée.

Variétés

Chaque variété de fraise cultivée dans les Maritimes possède sa caractéristique. La Veestar est une fraise très savoureuse de taille moyenne qui est récoltée en début de saison. Vient ensuite la variété Annapolis dont le fruit est plus gros et dont la saveur est moins prononcée. La très populaire Glooscap, récoltée à la mi-saison, est une fraise de taille moyenne à grosse reconnue pour avoir assez bon goût. La Kent produit de nombreuses grosses fraises bien rouges. Pour ceux qui craignent avoir manqué la saison, cherchez la Bounty ou la Cavendish qui sont des variétés plus tardives de taille moyenne à grosse et qui ont la particularité d'être bien sucrées et tout à fait savoureuses.

Conservation

Comme la plupart des petits fruits, les fraises se conservent difficilement et devraient être consommées peu de temps après la récolte afin de garder toute leur saveur. Puisqu'elles ne mûrissent pas après avoir été cueillies, vous devriez choisir des fraises fermes, rouges, bien rondes et dont les queues sont d'un vert vif. Disposez les fraises non lavées sur un papier essuie-tout dans un plat peu profond. Couvrez-les légèrement et gardez-les au réfrigérateur pour une période ne dépassant pas deux jours. Au moment de les servir, rincez-les délicatement, asséchez-les et retirez les queues.

Bien que les fraises congelées perdent un peu de leur couleur et de leur texture, leur saveur est un merveilleux rappel de l'été. Faites refroidir les fraises avant de les congeler. Ainsi, elles seront plus juteuses lorsque vous les décongélerez. Rincez les fraises dans l'eau froide et égouttez-les avant de les équeuter. Pour 1 L (4 tasses) de fraises, ajoutez 180 ml (3/4 de tasse) de sucre et mélangez délicatement. Empaquetez selon les portions désirées en ayant soin de laisser 2,5 cm (1 po) d'espace entre le couvercle et les fruits; scellez et congelez immédiatement. Si vous préférez congeler vos fraises sans sucre, disposez une couche de fraises entières, nettoyées et équeutées, dans un plateau au congélateur. Lorsqu'elles sont congelées, placez-les dans des sacs pour congélation et remettez-les au congélateur. Bien qu'elles puissent perdre un peu de la vitamine C qu'elles contiennent, ces fraises devraient garder leur forme et leur couleur pour une période allant jusqu'à un an et elles peuvent remplacer les fraises fraîches dans la plupart des recettes.

Valeur nutritionnelle

Les fraises fraîches fournissent une excellente source de vitamine C en plus de contenir du potassium et des fibres alimentaires. Elles contiennent peu de sodium, ne contiennent pas de cholestérol et une portion de 250 ml (1 tasse) fournit seulement 76 calories.

L'auteur du 16e siècle, William Butler, avait bien raison lorsqu'il a dit : «Dieu, sans doute, aurait pu créer un meilleur fruit mais Dieu, sans doute, ne l'a jamais créé.» Que vous commenciez la journée par un pain doré farci aux fraises ou que vous la terminiez par un délicieux dessert aux fraises, vous trouverez dans ce livre une recette pour plaire à chacun d'entre vous. Bon appétit!

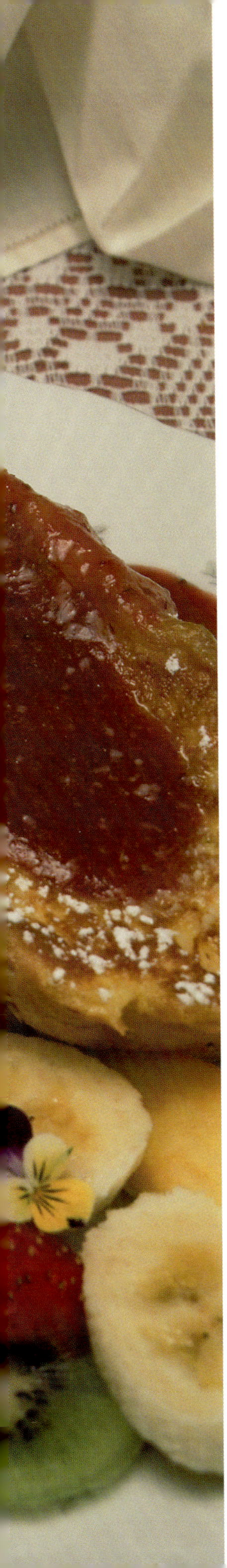

PETITS DÉJEUNERS OU BRUNCHES

Existe-t-il une meilleure façon de commencer la journée qu'en dégustant un bol de fraises fraîches? Peut-être en tartinant un peu de délicieuse confiture aux fraises de l'aubergiste Grace Swan sur votre muffin du matin ou encore en goûtant au pain doré farci de Wickwire House.

◄ *Le pain doré de Wickwire House est farci d'un mélange de fromage, de bananes et de fraises*

Pain doré farci Wickwire House

GÎTE DU PASSANT WICKWIRE HOUSE, KENTVILLE, N.-É.

Les aubergistes Darlene et Jim Perless, de Wickwire House, utilisent un mélange fait de fromage, de bananes et de fraises succulentes pour farcir leur pain doré.

1 pain italien

80 ml (1/3 tasse) de fromage à la crème à saveur de fraises, pour tartiner

80 ml (1/3 tasse) de fraises, coupées en dés

60 ml (1/4 tasse) de bananes, coupées en dés

4 oeufs, très gros

60 ml (4 c. à table) de crème légère ou de lait

30 ml (2 c. à table) de sucre à glacer

Sauce aux fraises (voir recette)

Couper le pain en 4 tranches de 3,5 cm (1 1/2 po). Pour chaque tranche, pratiquer une incision en diagonale, du bas en allant vers le haut, de façon à former une poche. Dans un petit bol, mélanger le fromage à la crème, les fraises et les bananes. Farcir chaque poche. Dans un plat large et peu profond, battre les oeufs et la crème ou le lait. Y tremper le pain farci, une tranche à la fois, jusqu'à ce que le mélange d'oeufs soit absorbé. Tremper l'autre côté. Graisser légèrement une grande poêle anti-adhésive et faire chauffer à une température variant entre 160 ° et 180 °C (325 ° et 350 °F). Ajouter le pain et faire dorer. Tourner et faire dorer l'autre côté. Retirer de la poêle et saupoudrer de sucre à glacer. Au moment de servir, napper de sauce aux fraises. Donne 4 portions.

Sauce aux fraises

500 ml (2 tasses) de fraises fraîches ou surgelées

30 à 45 ml (2 à 3 c. à table) de sucre

Dans un mélangeur, réduire les fraises et le sucre en purée. Donne 375 ml (1 1/2 tasse) de sauce.

MUFFINS AUX PACANES ET AUX FRAISES

Servir les muffins encore chauds. Vous pourrez réchauffer les muffins au micro-ondes s'il devait vous en rester.

180 ml (3/4 tasse) de farine tout-usage

180 ml (3/4 tasse) de farine de blé entier

10 ml (2 c. à thé) de poudre à pâte

2 ml (1/2 c. à thé) de cannelle

2 ml (1/2 c. à thé) de sel

125 ml (1/2 tasse) de pacanes, finement hachées

1 oeuf

125 ml (1/2 tasse) de cassonade

250 ml (1 tasse) lait

60 ml (1/4 tasse) d'huile végétale

5 ml (1 c. à thé) de vanille

250 ml (1 tasse) de fraises fraîches, en morceaux

Préchauffer le four à 190 °C (375 °F). Vaporiser un moule à muffin d'enduit anti-adhésif ou utiliser des caissettes en papier.

Mélanger la farine, la poudre à pâte, la cannelle, le sel et les pacanes dans un grand bol. Dans un bol séparé, fouetter les oeufs, la cassonade, le lait, l'huile et la vanille. Y ajouter les ingrédients secs et mélanger délicatement jusqu'à ce que tout soit bien humecté; incorporer les fraises. Remplir les moules à muffins aux trois quarts. Faire cuire de 20 à 25 minutes, jusqu'à ce que les muffins soient légèrement dorés ou jusqu'à ce qu'un cure-dent inséré au centre en ressorte propre. Donne 12 muffins.

Confiture délicieuse aux fraises

MAISON BLUENOSE,
LUNENBURG, N.-É.

Selon l'aubergiste Grace Swan, sa confiture aux fraises maison est l'un des mets préférés de la clientèle de l'auberge au buffet du petit-déjeuner. Les clients lui demandent fréquemment sa recette. Celle-ci requiert moins de sucre que bien d'autres confitures.

1,25 kg (2 1/2 lb) de fraises

500 ml (2 tasses) de sucre

1 sachet de pectine commerciale pour confiture congelée Garden Fare

Piler les fraises dans un grand bol. Incorporer le sucre et mélanger jusqu'à dissolution complète. Laisser reposer 20 minutes à la température de la pièce, en remuant à l'occasion. Saupoudrer la pectine en petite quantité à la fois et remuer jusqu'à dissolution complète. Laisser reposer toute la nuit et verser dans des pots stérilisés. Réfrigérer pour utilisation immédiate ou congeler pour une période maximale d'un an. Donne 1,5 L (6 tasses) de confiture.

Beurre aux fraises fraîches

Existe-t-il une meilleure façon de commencer la journée qu'en dégustant votre muffin ou bagel encore bien chaud avec un délicieux beurre aux fraises? Je vous suggère de congeler toute portion inutilisée. Le beurre se conservera ainsi plusieurs mois.

125 ml (1/2 tasse) de fraises fraîches, rincées, équeutées et asséchées

250 ml (1 tasse) de beurre non salé

30 ml (2 c. à table) de sucre à glacer

Mélanger tous les ingrédients dans un petit bol ou à l'aide d'un mélangeur jusqu'à ce que le mélange ait une teinte rose pâle. Utiliser immédiatement ou congeler dans un contenant hermétique. Donne 300 ml (1 1/4 tasse).

La confiture délicieuse aux fraises est très appréciée à la maison Bluenose de Lunenburg, en Nouvelle-Écosse ▶

PLATS PRINCIPAUX ET ACCOMPAGNEMENTS

Qui a dit que les fraises ne servent que pour les desserts? Nos chefs innovateurs vous présentent une variété de plats gastronomiques qui sauront plaire aux fins gourmets.

◄ *Le saumon poché avec sauce aux fraises et aux poireaux du chef Helmut Pflueger*

Saumon poché avec sauce aux fraises et aux poireaux

AUBERGE INN ON THE LAKE, WAVERLEY, N.-É.

Le chef Helmut Pflueger a créé ce délicieux saumon poché, agrémenté d'une sauce aux fraises et aux poireaux, lui permettant d'utiliser les fruits et les légumes de la saison.

6 grains de poivre noir

2 ml (1/2 c. à thé) de sel

1/2 citron, tranché

500 ml (2 tasses) d'eau

4 filets de saumon, sans arête, de 175 g (6 oz) chacun

Sauce aux fraises et aux poireaux

20 ml (4 c. à thé) de sucre

375 ml (1 1/2 tasse) de vin blanc

10 ml (2 c. à thé) de vinaigre balsamique

6 à 8 grains de poivre rose

8 grosses fraises, équeutées et tranchées

1 blanc de poireau, finement tranché

Sel et poivre, au goût

60 ml (4 c. à table) de beurre froid

Préparer le bouillon pour faire pocher le saumon en faisant mijoter les grains de poivre, le sel, les tranches de citron et l'eau. Faire pocher le saumon délicatement, en allouant environ 10 minutes pour 2,5 cm (1 po) d'épaisseur.

Pendant ce temps, préparer la sauce aux fraises et aux poireaux. Dans une poêle, placer le sucre, le vin, le vinaigre, les grains de poivre rose, les fraises et les tranches de poireau et amener à ébullition. Réduire le feu et laisser cuire 2 minutes. Assaisonner de sel et de poivre et y incorporer le beurre en fouettant jusqu'à ce que la sauce commence à épaissir. Au moment de servir, déposer les filets de saumon dans des assiettes et napper de sauce. Donne 4 portions.

Fraises élégantes au chocolat

AUBERGE A. HIRAM WALKER ESTATE HERITAGE, ST. ANDREWS, N.-B.

Elizabeth Cooney sert ces délicieuses fraises pour accompagner le thé de l'après-midi. Lorsque les fraises sont très grosses, une moitié peut être trempée dans du chocolat au lait, et l'autre moitié dans du chocolat blanc.

15 à 20 grosses fraises

125 ml (1/2 tasse) de chocolat noir semi-sucré ou de chocolat blanc

90 ml (6 c. à table) de sirop d'érable pur

Choisissez les fraises les plus belles et les plus grosses. Rincez-les et asséchez-les en gardant les queues.

Placez le chocolat et le sirop d'érable dans un petit bol. Cuire au four micro-ondes à chaleur moyenne environ 90 secondes, en mélangeant à toutes les 30 secondes ou jusqu'à ce que le chocolat soit fondu et que le sirop d'érable soit incorporé. Tremper les fraises dans le chocolat et laisser refroidir sur un papier ciré. Donne de 4 à 6 portions.

Compote aux fraises et aux pommes

HÔTEL PRINCE EDWARD, CHARLOTTETOWN, Î.-P.-É.

Selon le chef Joerg Solterman, cette compote rehausse un bon nombre de recettes au poulet ou au porc, particulierement les viandes cuites au barbecue.

1 pomme Granny Smith évidée, en cubes

2 pommes Red Delicious évidées, en cubes

180 ml (3/4 tasse) de jus de citron

375 ml (1 1/2 tasse) de sucre

60 ml (1/4 tasse) de vinaigre balsamique

Poivre frais du moulin

1 gousse d'ail, émincée

1/2 échalote, finement hachée

500 ml (2 tasses) de fraises fraîches ou surgelées, en cubes

10 à 15 ml (2 à 3 c. à thé) de farine d'arrow-root

Préparer les pommes. Dans une petite casserole, placer les pommes, le jus de citron et le sucre et laisser mijoter jusqu'à ce que les pommes soient tendres. Ajouter le vinaigre balsamique, le poivre, l'ail et l'échalote. Laisser mijoter 5 minutes additionnelles, ajouter les fraises en cubes et mélanger délicatement. Si nécessaire, épaissir avec un peu de farine d'arrow-root à laquelle on aura ajouté un peu d'eau. Donne 625 ml (2 1/2 tasses).

Soupe froide aux fraises

La couleur rose pâle de cette soupe permet une merveilleuse présentation. Je suggère que vous prépariez cette soupe à l'avance afin de permettre aux saveurs de se mélanger.

500 ml (2 tasses) de fraises préparées

80 ml (1/3 tasse) de sucre

125 ml (1/2 tasse) de crème sure légère

125 ml (1/2 tasse) de crème à 35 %

375 ml (1 1/2 tasse) d'eau

125 ml (1/2 tasse) de vin rouge doux

Placer les fraises rincées et équeutées dans un mélangeur et réduire en purée. Verser la purée dans un grand bol et y fouetter les autres ingrédients. Réfrigérer plusieurs heures avant de servir. Donne 4 portions.

Soupe aux fraises et à la rhubarbe

GÎTE DU PASSANT MURRAY MANOR, YARMOUTH, N.-É.

Cette soupe, à la fois douce et acidulée, peut être servie chaude ou froide. Elle est délicieuse, facile à préparer et offre une très belle présentation.

500 ml (2 tasses) de fraises fraîches, rincées, équeutées et tranchées

375 ml (1 1/2 tasse) de rhubarbe rouge, en tranches de 2,5 cm (1 po)

250 ml (1 tasse) de sucre

500 ml (2 tasses) d'eau

1 bâton de cannelle de 7,5 cm (3 po)

125 ml (1/2 tasse) de vin rouge doux

125 ml (1/2 tasse) d'eau gazéifié

125 ml (1/2 tasse) de crème sure

Mettre 4 fraises de côté pour garnir. Trancher le reste des fraises. Dans une grande casserole, placer les fraises, la rhubarbe, le sucre, l'eau et la cannelle et amener à ébullition. Réduire le feu et laisser mijoter environ 8 minutes ou jusqu'à ce que les fruits soient tendres. Retirer le bâton de cannelle et réduire en purée.

Au moment de servir, ajouter le vin et l'eau gazéifiée. Servir froid ou chaud. Garnir de fraises et d'une touche de crème sure. Donne 4 portions.

Il faut préparer la soupe froide aux fraises à l'avance afin de permettre aux saveurs de se mélanger ▶

SALADE D'ÉTÉ AUX FRAISES

DARLINGTON'S ON DUKE, HALIFAX, N.-É.

Quoi de mieux pour amorcer la saison des fraises que de préparer cette salade où le rouge et le vert font la fête. La propriétaire Glenda Allen utilise uniquement des fraises fraîchement cueillies.

60 ml (1/4 tasse) de vinaigre blanc

125 ml (1/2 tasse) de sucre

5 ml (1 c. à thé) de sel

1/2 petit oignon rouge, haché

5 ml (1 c. à thé) de moutarde sèche

30 ml (2 c. à table) d'eau

250 ml (1 tasse) d'huile végétale

Feuilles de laitue romaine ou frisée pour 4 personnes

1/2 petit oignon rouge, en fines rondelles

250 ml (1 tasse) de fraises fraîches, rincées, équeutées et coupées en quatre

60 ml (1/4 tasse) d'amandes effilées

Croûtons

60 ml (1/4 tasse) de fromage Parmesan, fraîchement râpé

Placer le vinaigre, le sucre, le sel, l'oignon rouge, la moutarde sèche et l'eau dans un mélangeur et réduire en purée. Continuer de mélanger en ajoutant lentement l'huile jusqu'à émulsion complète.

Préparer les feuilles de salade. Y ajouter les rondelles d'oignon rouge, les fraises et les amandes et bien mélanger. Arroser de vinaigrette, parsemer de croûtons et de parmesan râpé. Réfrigérer toute portion inutilisée de vinaigrette dans un contenant bien fermé. Donne 300 ml (1 1/4 tasse) de vinaigrette. Donne 4 portions.

◄ *Glenda Allen utilise uniquement des fraises fraîchemnet cueillies dans la préparation de sa salade d'été*

Plateau de fraises et de fruits divers avec trempette

Voici un mets pouvant accomoder un grand nombre de convives et qui est apprécié autant des adultes que des enfants. Bien que vous puissiez utiliser n'importe quel fruit, je vous suggère de choisir des fruits de couleur variée.

Fruits variés pour servir de 6 à 8 personnes (fraises, melons, cerises, raisins verts, etc.)

250 ml (1 tasse) de garniture à la guimauve pour crème glacée

115 g (4 oz) de fromage à la crème, à la température de la pièce

Rincer et assécher les fraises et les cerises en faisant attention de ne pas retirer les queues. Rincer les raisins et séparer en petites grapes.

Trancher le melon, peler et couper en cubes. Disposer les fruits en cercle dans un grand plateau.

Dans un bol à mélanger de grandeur moyenne, battre la garniture à la guimauve et le fromage à la crème. Verser dans un petit bol et placer au centre du plateau. Donne 300 ml (1 1/4 tasse), soit de 6 à 8 portions.

◄ *Le plateau de fraises et de fruits divers avec trempette : une excellente idée pour recevoir un groupe d'invités*

Salade aux fraises du Nouveau-Brunswick et vinaigrette aux bleuets

HÔTEL ALGONQUIN, ST. ANDREWS, N.-B.

Le chef cuisinier Willie White nous présente son « sandwich croustillant au parmesan » et recommande de préparer la vinaigrette aux bleuets à l'avance pour permettre aux saveurs de bien se mélanger.

Feuilles de coeur de romaine, en petits morceaux, pour servir 4 personnes

250 ml (1 tasse) de fromage Parmesan, râpé

Poivre du moulin

85 g (3 oz) de fromage à la crème, ramolli

12 fraises de grosseur moyenne, rincées, équeutées et tranchées

8 tiges de ciboulette fraîche

Fleurs comestibles (fleurs de ciboulettes ou nasturtiums), pour garnir

Vinaigrette aux bleuets (voir recette)

Préchauffer le four à 200 °C (400 °F). Rincer et essorer les feuilles de salade. Mettre de côté. À l'aide d'une cuiller, former douze rondelles de fromage parmesan d'environ 6 cm (2 1/2 po) de diamètre sur une plaque recouverte de Teflon. Assaisonner de poivre moulu. Cuire de 4 à 5 minutes ou jusqu'à ce que les rondelles soient légèrement dorées et fermes; retirer du four et laisser refroidir.

Pour assembler, tartiner délicatement 2 ml (1/2 c. à thé) de fromage à la crème sur chaque rondelle de parmesan. Couvrir d'une couche de fraises et de feuille de laitue. Tartiner de fromage à la crème et terminer en couvrant d'une feuille de laitue. Garnir de ciboulette et de fleurs comestibles. Arroser d'un peu de vinaigrette aux bleuets. Donne 4 portions.

Vinaigrette aux bleuets

250 ml (1 tasse) de bleuets frais ou surgelés

60 ml (1/4 tasse) de vinaigre de cidre

Le jus d'un citron

5 ml (1 c. à thé) de moutarde de Meaux

180 ml (3/4 tasse) d'huile de canola

Sel et poivre du moulin, au goût

Dans un mélangeur, réduire en purée les bleuets, le vinaigre, le jus de citron et la moutarde. Continuer de mélanger en ajoutant l'huile lentement jusqu'à émulsion complète. Assaisonner de sel et de poivre et réfrigérer. Donne 250 ml (1 tasse) de vinaigrette.

◄ *La salade aux fraises et la vinaigrette aux bleuets du Nouveau-Brunswick, du chef Willie White*

TARTES ET DESSERTS AU FOUR

Ah, ces desserts divins! Dans cette section, vous trouverez une variété de délices, de la tarte maison à la rhubarbe et aux fraises de l'auberge Mountain Gap aux spectaculaires cornets à la pâte filo farcis aux fraises de Michelle LeBlanc de l'auberge de campagne Planters' Barracks.

◄ *La tarte aux fraises fraîches de la maison Liscombe : une recette à ajouter à votre collection personnelle*

Tarte aux fraises fraîches de la maison Liscombe

MAISON LISCOMBE, LISCOMB MILLS, N.-É.

Le chef de la maison Liscombe se targue de servir les fruits et tout autre produit de la Nouvelle-Écosse lorsqu'ils sont à leur meilleur. Vous aurez certainement envie d'ajouter la recette de cette tarte aux fraises à votre collection personnelle.

1 L (4 tasses) de fraises, rincées, équeutées et coupées en moitié

250 ml (1 tasse) de sucre

250 ml (1 tasse) d'eau froide

45 ml (3 c. à table) de fécule de maïs

5 ml (1 c. à thé) de jus de citron

1 croûte à tarte pré-cuite de 22,5 cm (9 po)

Crème fouettée, pour garnir (optionnel)

Piler 250 ml (1 tasse) de fraises. Les mettre dans une casserole et ajouter le sucre, l'eau et la fécule de maïs. Cuire à feu moyen environ 25 minutes ou jusqu'à ce que le mélange devienne épais et clair. Remuer à l'occasion. Retirer du feu, ajouter le jus de citron et laisser refroidir. Étendre le reste des fraises dans la croûte, couvrir de sauce aux fraises et réfrigérer plusieurs heures. Garnir d'une touche de crème fouettée. Donne de 6 à 8 portions.

Tarte aux fraises

AUBERGE STEAMERS STOP,
GAGETOWN, N.-B.

L'aubergiste Pat Stewart sert cette tarte, garnie d'une touche de crème fouettée sucrée, lorsque la saison des fraises bat son plein.

Une abaisse pour un moule à tarte de 22,5 cm (9 po)

1 L (4 tasses) de fraises fraîches

250 ml (1 tasse) de sucre

45 ml (3 c. à table) de fécule de maïs

1 ml (1/4 c. à thé) de sel

5 ml (1 c. à thé) de jus de citron

22 ml (1 1/2 c. à table) de beurre

Crème fouettée (optionnel)

Faire cuire la croûte à tarte et laisser refroidir. Laver et équeuter les fraises. Les couper en moitié. Distribuer une partie des fraises de façon uniforme dans la croûte à tarte.

Mélanger le sucre, la fécule de maïs et le sel dans une casserole de grandeur moyenne. Piler le reste des fraises et incorporer délicatement aux ingrédients secs. Cuire à feu moyen jusqu'à ce que le mélange soit lisse et épais. Réduire la chaleur, couvrir la casserole et continuer la cuisson 5 minutes. Retirer du feu. Ajouter le jus de citron et le beurre. Verser dans la tarte, en s'assurant que les fraises soient bien recouvertes. Réfrigérer au moins 4 heures ou jusqu'à que la garniture prenne. Si désiré, servir avec de la crème fouettée sucrée. Donne 6 portions.

Croustade aux fraises et à la rhubarbe

WEST POINT LIGHTHOUSE,
WEST POINT, Î.-P.-É.

Le chef Liz Lecky sert ce dessert à peine sorti du four avec de la crème glacée.

500 ml (2 tasses) de fraises fraîches, rincées, équeutées et asséchées

750 ml (3 tasses) de rhubarbe, en morceaux de 2,5 cm (1 po)

180 ml (3/4 tasse) de sucre

30 ml (2 c. à table) de tapioca à cuisson rapide

125 ml (1/2 tasse) de farine

1 ml (1/4 c. à thé) de sel

5 ml (1 c. à thé) de cannelle

125 ml (1/2 tasse) de flocons d'avoine

180 ml (3/4 tasse) de cassonade, légèrement pressée

80 ml (1/3 tasse) de beurre, ramolli

Préchauffer le four à 190 °C (375 °F). Beurrer légèrement un plat peu profond allant au four. Préparer les fruits et les verser dans le plat. Saupoudrer de sucre et de tapioca. Dans un bol de grandeur moyenne, mélanger la farine, le sel, la cannelle, les flocons d'avoine, la cassonade et le beurre, en utilisant les doigts ou un coupe-pâte. Saupoudrer le mélange sur les fruits et presser légèrement. Cuire de 30 à 35 minutes. Servir chaud ou froid. Donne 6 portions.

Gaufrettes aux fraises et au chocolat blanc

CATHERINE MCKINNON'S SPOT O'TEA, STANLEY BRIDGE, Î.-P.-É.

Le chef pâtissier Whitney Armstrong prépare ses gaufrettes à partir de pâte feuilletée congelée pour obtenir ce dessert élégant.

1 paquet de pâte feuilletée congelée

Placer la pâte feuilletée au réfrigérateur toute la nuit. Préchauffer le four à 180 °C (350 °F). Dérouler la pâte sur du papier parcheminé. Piquer la pâte à l'aide d'une fourchette afin d'éliminer les bulles d'air. Couper la pâte de façon à former environ 18 rondelles de 6 cm (2 1/2 po). Placer sur une plaque à biscuits non graissée, couvrir d'une seconde plaque et cuire 10 minutes. Retirer la plaque supérieure et continuer de cuire environ 10 minutes ou jusqu'à ce que les gaufrettes soient légèrement dorées. Retirer du four et laisser refroidir sur une grille.

Mousse au chocolat blanc

125 ml (1/2 tasse) de crème à 35 %

125 ml (1/2 tasse) de chocolat blanc semi-sucré

15 ml (1 c. à table) de gélatine en poudre

30 ml (2 c. à table) d'eau chaude

500 ml (2 tasses) de crème à 35 %, fouettée

Dans la partie supérieure d'un bain-marie, faire cuire à feu doux le chocolat blanc et 125 ml (1/2 tasse) de crème. Mélanger jusqu'à ce que le chocolat soit fondu. L'eau de la partie inférieure du bain-marie ne doit ni bouillir ni toucher à la partie supérieure. Faire dissoudre la gélatine dans l'eau chaude et incorporer au mélange. Retirer du feu et laisser refroidir. Plier la crème fouettée dans le mélange de chocolat refroidi et réfrigérer.

Sauce aux fraises

1 L (4 tasses) de fraises, rincées, équeutées et coupées en quatre

125 ml (1/2 tasse) de sucre ou de miel

Mélanger la moitié des fraises et la totalité du sucre dans une casserole. Amener à ébullition. Réduire le feu et laisser mijoter environ 12 minutes ou jusqu'à ce que les fraises soient bien cuites. Retirer du feu et verser dans une passoire. Ajouter le reste des fraises et réfrigérer.

Au moment de servir, placer une gaufrette dans chaque assiette à dessert. Monter les gaufrettes en faisant alterner une gaufrette et une couche de fraises, puis une autre gaufrette et une autre couche de fraises. Terminer par une gaufrette, un peu de mousse au chocolat blanc et une touche de sauce aux fraises. À l'aide d'une poche à douille, entourer chaque gaufrette de mousse au chocolat blanc. Donne de 4 à 6 portions.

Les gaufrettes aux fraises et au chocolat blanc de Catherine McKinnon's Spot O'Tea, de Stanley Bridge, à l'Île-du-Prince-Édouard ▶

Gâteau sablé aux fraises

MAISON LOON BAY, ST. STEPHEN, N.-B.

Selon le chef de la maison Loon Bay, les fraises surgelées peuvent être utilisées dans cette recette lorsque les fraises fraîches ne sont pas disponibles. Elle congèle habituellement quelques contenants de fraises pilées qu'elle utilise lorsque la saison est terminée.

1L (4 tasses) de fraises fraîches, lavées et équeutées ou de fraises congelées non sucrées

125 ml (1/2 tasse) de sucre

500 ml (2 tasses) de farine

22 ml (1 1/2 c. à table) de poudre à pâte

2 ml (1/2 c. à thé) de sel

60 ml (1/4 tasse) de shortening

250 ml (1 tasse) de lait

Crème fouettée pour garnir, si désiré

Préparer les fraises fraîches ou faites décongeler les fraises au réfrigérateur pendant la nuit. Ajouter le sucre et mettre de côté. Préchauffer le four à 200 °C (400 °F). Placer la farine, la poudre à pâte, le sel et le shortening dans un grand bol. À l'aide d'un coupe-pâte, incorporer le shortening aux ingrédients secs. Ajouter le lait et mélanger avec une fourchette jusqu'à ce que le mélange ait la consistance d'une pâte molle. Abaisser la pâte soigneusement sur une surface enfarinée jusqu'à une épaisseur de 2,5 cm (1 po). Couper à l'aide d'un coupe-biscuits de 7,5 cm (3 po) et cuire sur une plaque non graissée de 15 à 20 minutes ou jusqu'à ce que les biscuits soit légèrement dorés. Au moment de servir, couper les biscuits en deux. Monter le gâteau sablé en plaçant une moitié de biscuit, une couche de fraises et l'autre moitié de biscuit. Garnir de crème fouettée. Donne de 6 à 8 portions.

Tarte à la rhubarbe et aux fraises

AUBERGE ET LIEU DE VILLÉGIATURE MOUNTAIN GAP, SMITHS COVE, N.-É.

Cette tarte aux fraises et à la rhubarbe annonce l'arrivée de l'été et donne un aperçu de l'excellente cuisine du Mountain Gap.

Double abaisse à tarte de 22,5 cm (9 po)

250 m (1 tasse) de sucre

45 ml (3 c. à table) de farine

Une généreuse pincée de muscade

750 ml (3 tasses) de rhubarbe, lavée et coupée en morceaux de 2,5 cm (1 po)

250 ml (1 tasse) de fraises, rincées, équeutées et coupées en moitié

15 ml (1 c. à table) de beurre, fondu

Préchauffer le four à 180 °C (350 °F). Préparer l'abaisse et placer dans un moule à tarte de 22,5 cm (9 po). Dans un grand bol, mélanger le sucre, la farine et la muscade. Ajouter la rhubarbe et les fraises et verser dans la tarte. Préparer la deuxième abaisse, couvrir la tarte et festonner le bord. Inciser le dessus de la tarte pour laisser la vapeur s'échapper et badigeonner de beurre. Cuire de 45 à 60 minutes ou jusqu'à ce que les fruits soient tendres et que la tarte soit dorée. Donne de 6 à 8 portions.

Le gâteau sablé de la maison Loon Bay requiert des fraises fraîches ou surgelées ▶

Gâteaux sablés aux fraises marinées et au fromage mascarpone fouetté

HÔTEL HALIFAX, HALIFAX, N.-É.

À l'hôtel Halifax, le chef Dale Nichols utilise des fraises de la région lorsque la saison bat son plein.

1 L (4 tasses) de fraises, rincées et équeutées

Le jus d'un citron

60 ml (1/4 tasse) de sucre

Gâteaux sablés

680 ml (2 3/4 tasses) de farine à pâtisserie

60 ml (1/4 tasse) de sucre

20 ml (4 c. à thé) de poudre à pâte

5 ml (1 c. à thé) de sel

150 ml (10 c. à table) de beurre non salé, encore froid

250 ml (1 tasse) de crème à 35 %

60 ml (1/4 tasse) de crème à 35 % (2e portion)

60 ml (1/4 tasse de sucre), pour saupoudrer

Préparer les fraises, y ajouter le jus de citron et le sucre. Mettre de côté. Préchauffer le four à 190 °C (375 °F). Dans un grand bol, mélanger la farine, le sucre, la poudre à pâte et le sel. À l'aide d'un coupe-pâte, incorporer le beurre aux ingrédients secs jusqu'à consistance granuleuse. Ajouter la première quantité de fraises et mélanger jusqu'à ce que la pâte forme une boule. Abaisser sur une surface enfarinée jusqu'à une épaisseur de 1,5 cm (3/4 po). Couper en rondelles de 7,5 cm (3 po). Badigeonner le dessus de chaque rondelle du reste de la crème et saupoudrer de sucre. Cuire 5 minutes sur une plaque à biscuits non graissée, réduire la chaleur à 180 °C (350 °F) et cuire de 20 à 25 minutes additionnelles ou jusqu'à ce que les biscuits soient dorés.

Fromage Mascarpone fouetté

4 oeufs, le jaune et le blanc séparés

60 ml (1/4 tasse) de sucre

180 ml (3/4 tasse) de crème à 35 %

Un contenant de 500 g (1 lb) de fromage mascarpone, à la température de la pièce

60 ml (1/4 tasse) de sucre (2e portion)

Préparation du fromage mascarpone fouetté : À l'aide d'un batteur, fouetter les jaunes d'oeufs et la première quantité de sucre environ 10 minutes ou jusqu'à ce que le mélange soit jaune pâle et léger. Mettre de côté.

Dans un bol séparé, fouetter la crème jusqu'à l'obtention de pics mous. Plier le fromage dans la crème. Plier ensuite le mélange de jaune d'oeufs. Fouetter les blancs d'oeufs jusqu'à l'obtention de pics mous. Saupoudrer la deuxième quantité de sucre et battre jusqu'à l'obtention de pics fermes. Plier dans le mélange de fromage. Réfrigérer plusieurs heures.

Couper les gâteaux sablés en deux. Monter le dessert en tartinant généreusement la partie inférieure du gâteau de la préparation de fraises. Étendre une généreuse portion du mélange de fromage mascarpone. Terminer en déposant la partie supérieure du gâteau contre le dessert. Donne de 6 à 8 portions.

GÂTEAUX SABLÉS AUX FRAISES AROMATISÉS À L'ORANGE

SEASONS IN THYME, SUMMERSIDE, Î.-P.-É.

Le chef Stefan Czapalay rappelle que sa pâte pour gâteaux sablés ne doit pas être abaissée. Le mélange obtenu sera donc plus liquide.

560 ml (2 1/4 tasse) de farine

90 ml (6 c. à table) de sucre

1 ml (1/4 c. à thé) de sel

22 ml (4 1/2 c. à thé) de poudre à pâte

22 ml (1 1/2 c. à table) de zeste d'orange finement râpé

135 ml (9 c. à table) de beurre non salé

375 ml (1 1/2 tasse) de crème à 35 %

Préchauffer le four à 180 °C (350 °F). Tamiser la farine, le sucre, le sel et la poudre à pâte. Ajouter le zeste d'orange et mélanger délicatement. À l'aide d'un coupe-pâte, incorporer le beurre jusqu'à consistance granuleuse. Ajouter la crème. Bien mélanger à l'aide d'une cuiller de bois. À l'aide d'une grosse cuiller, verser le mélange sur une plaque à biscuits de façon à former 8 biscuits. Cuire 15 minutes ou jusqu'à ce que les biscuits soient dorés.

Garniture

2 L (8 tasses) de fraises, rincées, équeutées et tranchées

250 ml (1 tasse) de sucre

250 ml (1 tasse) de crème à 35 %

30 ml (2 c. à table) de sucre (2e portion)

2 ml (1/2 c. à thé) de vanille

Préparer les fraises. Placer les fraises et la première quantité de sucre dans un grand bol. Laisser reposer jusqu'à ce que le sucre soit dissout et que les fraises commencent à rendre leur jus. Dans un bol séparé, fouetter la crème jusqu'à ce que les pics soient presque formés. Ajouter la deuxième quantité de sucre et la vanille. Continuer de fouetter jusqu'à l'obtention de pics fermes. Pour monter le dessert, placer la moitié d'un biscuit dans une assiette à dessert. Garnir de fraises et du jus des fraises. Placer la partie supérieure du biscuit et terminer avec la garniture aux fraises. Garnir de crème fouettée. Donne 8 portions.

Soufflé à l'orange et sauce aux fraises

AUBERGE HISTORIQUE KAULBACK HOUSE, LUNENBURG, N.-É.

Le mariage de l'orange et de la fraise donne une saveur à la fois délicieuse et subtile à ce dessert succulent.

3 oeufs, le jaune et le blanc séparés

45 ml (3 c. à table) de sucre

20 ml (4 c. à thé) de jus d'orange

15 ml (1 c. à table) de farine

30 ml (2 c. à table) de beurre

45 ml (3 c. à table) de jus d'orange (2e portion)

15 ml (1 c. à table) de sucre (2e portion)

Sauce aux fraises (voir recette)

Préchauffer le four à 180 °C (350 °F). Battre les blancs d'oeufs jusqu'à ce qu'ils soient mousseux. Ajouter lentement le sucre et continuer de battre jusqu'à la formation de pics fermes. Dans un bol séparé, fouetter les jaunes d'oeufs, la première quantité de jus d'orange et la farine. Y plier les blancs d'oeufs délicatement.

Faire fondre le beurre dans un petit plat allant au four. Y ajouter le reste du jus d'orange et 15 ml (1 c. à table) de sucre. Mettre dans le four et faire chauffer jusqu'à ce que le mélange bouillonne. Pour chaque soufflé, verser 30 ml (2 c. à table) du mélange de blancs d'oeufs dans la sauce au beurre. Cuire de 15 à 20 minutes. Au moment de servir, verser la sauce aux fraises dans quatre assiettes à dessert et y déposer les soufflés. Donne 4 portions.

Sauce aux fraises

15 ml (1 c. à table) de beurre

15 ml (1 c. à table) de sucre

45 ml (3 c. à table) de jus d'orange

6 grosses fraises, équeutées et tranchées

Dans une poêle anti-adhésive, mélanger le beurre, le sucre et le jus d'orange. Faire cuire à feu moyen, en remuant constamment jusqu'à ce que la sauce commence à épaissir. Y ajouter les fraises tranchées et servir.

◄ *Le soufflé à l'orange avec sauce aux fraises : un mélange subtil de saveurs*

Gâteau sablé aux fraises de l'Hôtel Beauséjour

HÔTEL BEAUSÉJOUR, MONCTON, N.-B.

Lors des soirées romantiques, le chef pâtissier Tony Holden prépare ses gâteaux sablés en utilisant un coupe-biscuits en forme de coeur.

De 500 à 750 ml (2 à 3 tasses) de fraises fraîches, tranchées

60 ml (1/4 tasse) de cassonade

5 ml (1 c. à thé) de jus de citron

30 ml (2 c. à table) de jus d'orange pressé

Gâteau sablé

1 L (4 tasses) de farine

30 ml (2 c. à table) de poudre à pâte

60 ml (1/4 tasse) de sucre

1 ml (1/4 c. à thé) de sel

250 ml (1 tasse) de beurre

180 ml (3/4 tasse) de lait de beurre

3 oeufs battus

180 ml (3/4 tasse) de crème à 35 %

Dans un grand bol, mélanger les fraises, la cassonade, le jus de citron et le jus d'orange. Couvrir et laisser mariner 6 heures au réfrigérateur.

Préchauffer le four à 190 °C (375 °F). Dans un grand bol, mélanger la farine, la poudre à pâte, le sucre, le sel et le beurre à l'aide d'un coupe-pâte, jusqu'à ce que le mélange ait une consistance granuleuse. Mélanger le lait de beurre et les oeufs battus. Ajouter aux ingrédients secs et bien mélanger. Abaisser la pâte sur une surface enfarinée jusqu'à ce que la pâte mesure 3,5 cm (1 1/2 pouce) d'épaisseur. Couper à l'aide d'un coupe-biscuits de 7,5 cm (3 pouces). Cuire sur une plaque à biscuits non graissée environ 20 minutes ou jusqu'à ce que la pâte gonfle et devienne dorée. Au moment de servir, couper les gâteaux sablés en deux. Tartiner la partie inférieure de sauce aux fraises et terminer en ajoutant la partie supérieure. Garnir de crème fouettée. Donne 8 portions.

Vents et cuivres

AUBERGE DE CAMPAGNE AMHERST SHORE, LORNEVILLE, N.-É.

Ce dessert, aussi agréable que les sons mélodieux d'une symphonie, saura plaire aux amateurs de pâtisseries sucrées.

115 g (4 oz) de fromage à la crème léger, ramolli

180 ml (3/4 tasse) de crème sure légère

30 ml (2 c. à table) de sucre à glacer

55 g (2 oz) de chocolat semi-sucré, fondu

15 ml (1 c. à table) de Grand Marnier

22 ml (1 1/2 c. à table) de Cointreau

500 ml (2 tasses) de fraises fraîches, tranchées

6 nids de meringue (voir recette)

Le zeste râpé d'une orange et des copeaux de chocolat, pour garnir

Battre le fromage à la crème jusqu'à ce qu'il soit léger. Y ajouter la crème sure. Bien mélanger. Ajouter le sucre à glacer, le chocolat fondu, le Cointreau et le Grand Marnier. Fouetter jusqu'à ce que les ingrédients soient mélangés. La mousse obtenue sera légère. Réfrigérer plusieurs heures dans un bol bien scellé.

Au moment de servir, plier les fraises délicatement dans la mousse. Verser dans les nids de meringue et garnir de zeste d'orange et de copeaux de chocolat. Donne de 6 à 8 portions.

Nids de meringue

3 blancs d'oeufs

Une pincée de crème de tartre

180 ml (3/4 tasse) de sucre extra-fin ou de sucre de fruits

2 ml (1/2 c. à thé) de vanille

Préchauffer le four à 125 °C (250 °F). Tapisser une plaque à biscuits de papier brun et mettre de côté. Battre les blancs d'oeufs et la crème de tartre jusqu'à la formation de pics mous. Incorporer le sucre graduellement en continuant de battre jusqu'à la formation de pics fermes et luisants. Ajouter la vanille.

Pour chaque nid, verser 80 ml (1/3 tasse) de meringue sur la plaque. Former les nids avec le dos d'une cuiller. Cuire une heure, fermer le four et y laisser refroidir les meringues. Les meringues sont prêtes lorsqu'elles sont à la température de la pièce. Donne 8 meringues.

Diplomate aux fraises

RESTAURANT PALLISER, TRURO, N.-É.

Les diplomates sont d'excellents desserts que vous pouvez préparer à l'avance. Que vous les serviez dans des verres à parfait, comme au restaurant Palliser, ou dans des bols décoratifs, ils deviendront certainement une de vos recettes préférées.

1 gâteau éponge préparé

60 ml (1/4 tasse) de sherry

125 ml (1/2 tasse) de confiture de fraises

250 ml (1 tasse) de crème à 35 %, fouettée

Crème anglaise (voir recette)

250 ml (1 tasse) de fraises fraîches ou surgelées

250 ml (1 tasse) de crème à 35 %, fouettée (2e portion)

Couper le gâteau en deux. Placer la partie inférieure du gâteau dans un bol décoratif profond. Humecter de sherry et tartiner de confiture aux fraises et de crème fouettée (première quantité). Placer la partie supérieure du gâteau. Préparer la crème anglaise et verser sur le gâteau. Couvrir d'une pellicule de plastique et réfrigérer au moins 4 heures. Au moment de servir, verser des cuillerées du mélange dans des verres à parfait ou dans un bol décoratif. Garnir de fraises et du reste de la crème fouettée. Donne de 8 à 10 portions.

Crème anglaise

125 ml (1/2 tasse) de sucre

45 ml (3 c. à table) de fécule de maïs

4 jaunes d'oeufs

750 ml (3 tasses) de lait

5 ml (1 c. à thé) de vanille

Mélanger le sucre et la fécule de maïs dans une casserole à fond épais. Y ajouter les jaunes d'oeufs battus et le lait. Cuire à feu moyen-doux en remuant constamment jusqu'à ce que le mélange épaississe. Retirer du feu et incorporer la vanille.

Le diplomate aux fraises du Palliser : un excellent dessert que vous pouvez préparer à l'avance ▶

Tarte aux fraises des bois

THE DUNDEE ARMS, CHARLOTTETOWN, Î.-P.-É.

Le chef du Dundee Arms préfère utiliser les fraises des bois dans cette recette mais les fraises cultivées conviennent également.

Pâtisserie

300 ml (1 1/4 tasse) de farine

Une pincée de sel

125 ml (1/2 tasse) de shortening

30 à 45 ml (2 à 3 c. à table) d'eau glacée

Garniture

375 ml (1 1/2 tasse) de crème sure

80 ml (1/3 tasse) de sucre

80 ml (1/3 tasse) de jus d'orange

30 ml (2 c. à table) de fécule de maïs

375 ml (1 1/2 tasse) de vin blanc sec

250 ml (1 tasse) de sucre

Le zeste d'une orange

1 L (4 tasses) de fraises des bois, rincées, asséchées et équeutées

Crème fouettée, pour garnir

Préchauffer le four à 180 °C (350 °F). Mélanger la farine et le sel dans un bol. À l'aide d'un coupe-pâte, incorporer le shortening jusqu'à ce que les morceaux soient de la taille d'un gros pois. Ne pas trop mélanger. Asperger d'eau glacée et mélanger à la fourchette jusqu'à ce que l'eau soit absorbée. Façonner en boule et abaisser sur une surface enfarinée. Abaisser dans un moule à tarte de 25 cm (10 po). Piquer le fond à l'aide d'une fourchette et cuire environ 12 minutes. Retirer du four et laisser refroidir.

Dans une casserole, mélanger la crème sure, le sucre, le jus d'orange et la fécule de maïs. Faire chauffer à feu doux jusqu'à ce que le mélange épaississe en faisant attention de ne pas faire bouillir. Verser le mélange dans la croûte à tarte.

Dans une casserole séparée, amener le vin, le sucre et le zeste d'orange à ébullition. Réduire le feu et faire cuire environ 20 minutes ou jusqu'à ce que le mélange soit réduit de moitié. Retirer du feu et y ajouter les fraises. Réserver 125 ml (1/2 tasse) de sauce aux fraises pour garnir et verser le reste de la sauce dans la tarte. Réfrigérer plusieurs heures. Au moment de servir, faire chauffer le reste de la sauce, couper la tarte en 8 pointes, garnir chaque pointe d'une touche de crème fouettée et d'une cuillerée de sauce chaude. Donne 8 portions.

La tarte aux fraises des bois, un met populaire du Dundee Arms de Charlottetown, à Île-du-Prince-Édouard ▶

Cornets à la pâte filo et coulis aux fraises

AUBERGE DE CAMPAGNE PLANTERS' BARRACKS, STARRS POINT, N.-É.

Michelle LeBlanc, aubergiste à Planters' Barracks, sert ce dessert élégant garni de sauce au chocolat, sur un coulis de fraises. Cette recette requiert de huit à dix moules à cornet en métal que vous pouvez vous procurer dans les boutiques culinaires spécialisées.

Coulis aux fraises

1 L (4 tasses) de fraises fraîches, pilées

60 ml (1/4 tasse) de sucre

5 ml (1 c. à thé) de fécule de maïs, dissout dans 15 ml (1 c. à table) d'eau froide

Cornets à la pâte filo

6 feuilles de pâte filo, à la température de la pièce

60 ml (1/4 tasse) de beurre fondu

30 ml (2 c. à table) de sucre, pour saupoudrer

250 ml (1 tasse) de crème à 35 %, fouettée

Fraises fraîches, pour garnir

50 g (2 oz) de chocolat semi-sucré, fondu

Préparer le coulis aux fraises à l'avance. Placer les fraises dans une casserole de grandeur moyenne et faire cuire à feu moyen jusqu'à ce que les fraises soient cuites. Verser dans une passoire afin d'éliminer les graines. Faire cuire le jus de fraises ainsi obtenu, le sucre et le mélange de fécule de maïs à feu doux en remuant jusqu'à ce que le liquide soit épais et qu'il bouillonne. Retirer du feu et laisser refroidir.

Préchauffer le four à 180 °C (350 °F). Badigeonner une feuille de pâte filo de beurre et saupoudrer de sucre. Couvrir d'une autre feuille de pâte et répéter. Ne pas beurrer ni saupoudrer la dernière feuille. Couper les feuilles afin de pouvoir recouvrir de 8 à 10 moules à cornet. Beurrer chaque moule et entourer de feuilles de pâte. Replier le bout de pâte qui dépasse du cornet. Placer les cornets, côté couture en-dessous, sur une plaque à biscuits et faire cuire environ 10 minutes ou jusqu'à ce que les cornets soient dorés. Retirer du four et laisser refroidir avant de retirer les moules.

Au moment de servir, remplir chaque cornet de crème fouettée. Garnir de fraises fraîches, de coulis aux fraises et d'une petite quantité de chocolat fondu. Servir immédiatement. Donne de 8 à 10 portions.

◄ *Les cornets à la pâte filo, un dessert élégant garni de sauce au chocolat et servi sur un coulis de fraises*

Crème brûlée aux fraises

AUBERGE HISTORIQUE KAULBACK HOUSE, LUNENBURG, N.-É.

Comme le sucre brûle facilement, l'aubergiste Karen Padovani nous recommande de surveiller attentivement la crème lorsqu'elle est sous le gril. Les plats Corningware sont parfaits pour cette recette.

125 ml (1/2 tasse) de crème sure légère

30 ml (2 c.à table) de cassonade

500 ml (2 tasses) de fraises tranchées

4 fraises entières, pour garnir

Allumer le gril. Étendre la crème sure dans un plat pouvant aller sous le gril. Saupoudrer de cassonade et faire griller environ 1 minute et demie ou jusqu'à ce que le sucre soit caramélisé. Laisser refroidir un peu et ajouter les fraises. Bien mélanger. Réfrigérer 8 heures et servir. Garnir de fraises entières. Donne 4 portions.

Tarte aux fraises fraîches

MAISON LOON BAY, ST. STEPHEN, N.-B.

Geraldine Alexander, de la maison Loon Bay, sert cette délicieuse tarte lorsque la saison des fraises bat son plein.

2 L (8 tasses) de fraises fraîches

250 ml (1 tasse) de sucre

30 ml (2 c. à table) de fécule de maïs, dissout dans 45 ml (3 c. à table) d'eau froide

1 croûte à tarte pré-cuite de 22,5 cm (9 po)

Crème fouettée pour garnir (optionnel)

Préparer les fraises en les équeutant et en les asséchant délicatement. Dans un grand bol, piler la moitié des fraises et placer dans une grande casserole. Amener les fraises à ébullition à feu moyen, réduire le feu et laisser mijoter 10 minutes. Retirer les fraises du feu et verser dans une passoire. Remettre les fraises dans une casserole, ajouter le sucre et amener à ébullition. Y verser la fécule de maïs et continuer la cuisson jusqu'à ce que la sauce soit épaissie. Retirer du feu, verser dans un bol et laisser refroidir.

Réserver quelques fraises pour garnir. Trancher le reste des fraises et ajouter au sirop refroidi. Verser dans une croûte à tarte pré-cuite. Garnir de crème fouettée et de quelques fraises. Donne de 6 à 8 portions.

Faites attention de ne pas faire brûler le sucre en préparant cette crème brûlée aux fraises ▶

DESSERTS FROIDS

Vous êtes à la recherche du dessert qui terminera votre dîner d'été à merveille? Pourquoi ne pas préparer un dessert rafraîchissant? De la mousse aux fraises de l'auberge Carriage House de Fredericton au délicieux gâteau au fromage et aux fraises de Seasons in Thyme de Summerside, cette section vous offre une multitude de choix de desserts parfaits.

◄ *Le délice aux fruits frais est servi dans des coupes en chocolat que vous trouverez dans les supermarchés ou dans les boutiques spécialisées*

Délice aux fruits frais

PANSY PATCH, ST. ANDREW, N.-B.

Le chef du Pansy Patch nous dit que vous pourrez trouver les coupes en chocolat dans la section des mets spécialisés des supermarchés à grande surface.

Coulis aux fraises

500 ml (2 tasses) de fraises fraîches, rincées, équeutées et coupées en quatre

180 ml (3/4 tasse) d'eau

60 ml (1/4 tasse) de sucre, ou selon le goût

30 à 45 ml (2 à 3 c. à table) de fécule de maïs

45 ml (3 c. à table) d'eau froide (2e portion)

375 ml (1 1/2 tasse) de fraises fraîches, rincées, équeutées et coupées en quatre

6 coupes en chocolat semi-sucré

125 ml (1/2 tasse) de crème à 35 %, fouettée

Copeaux de chocolat, pour garnir

Placer 500 ml (2 tasses) de fraises dans une casserole. Ajouter la première quantité d'eau et le sucre. Amener à ébullition, réduire le feu et laisser mijoter environ 3 minutes ou jusqu'à ce que les fraises soient cuites. Mélanger la fécule de maïs et la deuxième quantité d'eau. Verser dans la casserole et cuire jusqu'à ce que le mélange commence à épaissir. Retirer du feu, laisser refroidir un peu et réduire en purée. Réfrigérer la sauce. Au moment de servir, répartir 375 ml (11/2 tasse) de fraises dans les coupes en chocolat. Verser le coulis aux fraises dans des assiettes et y déposer les coupes en chocolat. Garnir de crème fouettée et de copeaux de chocolat. Donne 6 portions.

Crème fraîche et fraises Harbourview

AUBERGE HARBOURVIEW, SMITHS COVE, N.-É.

Mona Webb, de l'auberge Harbourview, trouvait que ce dessert délicieux était « trop simple ». Or, j'aime les choses « simples » et je suis convaincue que vous aimerez aussi!

1 L (4 tasses) de fraises fraîches

125 ml (1/2 tasse) de crème fraîche* ou de crème sure

45 à 60 ml (3 à 4 c. à table) de cassonade

Rincer et assécher les fraises. Ne pas retirer les queues. Placer les fraises dans un bol peu profond et décoratif. Placer la crème fraîche dans un petit bol et la cassonade dans un autre bol. Les invités trempent les fraises, en premier lieu, dans la crème fraîche et ensuite, dans la cassonade. Donne 4 portions.

*La crème fraîche est une crème épaissie, facile à préparer et qui se gardera jusqu'à une semaine au réfrigérateur. Placer 250 ml (1 tasse) de crème à 35 % dans un bol en verre, y ajouter 30 ml (2 c. à table) de lait de beurre et couvrir. Laisser reposer à la température de la pièce, soit environ 18 °C (70 °F) de 8 à 24 heures. Bien mélanger, couvrir et réfrigérer.

Mousse aux fraises de l'auberge Carriage House

AUBERGE CARRIAGE HOUSE, FREDERICTON, N.-B.

L'aubergiste Joan Gorham aime ce dessert parce qu'on peut utiliser des fraises fraîches ou surgelées. Si vous utilisez des fraises surgelées, assurez-vous qu'elles ne soient pas sucrées.

625 ml (2 1/2 tasses) de fraises fraîches ou surgelées

45 ml (3 c. à table) de gélatine sans saveur

60 ml (1/4 tasse) d'eau froide

250 ml (1 tasse) d'eau (2e portion)

250 ml (1 tasse) de sucre

5 ml (1 c. à thé) de rhum

250 ml (1 tasse) de crème à 35 %

Crème fouettée additionnelle et fraises fraîches (optionnel)

Dans un mélangeur, réduire les fraises préparées en purée. Mettre de côté. Dans un bol séparé, saupoudrer de gélatine la première quantité d'eau. Laisser reposer 5 minutes. Dans une casserole, amener la deuxième quantité d'eau à ébullition; retirer du feu, y ajouter le sucre et la gélatine, en mélangeant jusqu'à ce que la gélatine et le sucre soient dissouts. Laisser refroidir.

Mélanger la gélatine refroidie et la purée de fraises. Y ajouter le rhum. Placer le bol dans un plat d'eau glacée pour que le mélange prenne plus rapidement. Fouetter la crème jusqu'à l'obtention de pics mous. Plier dans le mélange de fraises jusqu'à ce qu'il n'y ait plus de trace de crème fouettée. Verser dans un bol décoratif ou dans des assiettes individuelles et réfrigérer environ 4 heures ou jusqu'à ce que le mélange soit pris. Garnir de crème fouettée et de fraises fraîches, si désiré. Donne de 6 à 8 portions.

Gâteau au fromage et aux fraises

SEASONS IN THYME, SUMMERSIDE, Î.-P.-É.

Voici un gâteau au fromage qui ne nécessite aucune cuisson, qui est facile à préparer et qui offre une présentation merveilleuse. Pour la photo, le chef Stefan Czapalay a complété le dessert en l'entourant d'une sauce au chocolat et en couvrant le gâteau d'une ganache au chocolat.

Croûte

500 ml (2 tasses) de miettes de biscuits Oréo

125 ml (1/2 tasse) de beurre, fondu

Coulis aux fraises

25 ml (5 c. à thé) de gélatine en poudre

45 à 60 ml (3 à 4 c. à table) d'eau froide

750 ml (3 tasses) de fraises fraîches, tranchées

125 ml (1/2 tasse) de sucre

Gâteau au fromage

575 g (20 oz) de fromage à la crème, à la température de la pièce

125 ml (1/2 tasse) de sucre

2 gouttes de vanille

625 ml (2 1/2 tasses) de coulis aux fraises préparé

Dans un petit bol, mélanger les miettes de biscuits Oréo et le beurre fondu. Presser dans un moule de 22,5 cm (9 po) à fond amovible. Réfrigérer jusqu'à ce que la croûte prenne. Saupoudrer l'eau froide de gélatine et mettre de côté. Placer les fraises dans une casserole, saupoudrer de sucre et laisser mijoter à feu doux jusqu'à ce que les fraises se vident de leur jus. Mélanger constamment à feu moyen-fort pendant 4 minutes. Y incorporer la gélatine et continuer de cuire environ 1 minute ou jusqu'à ce que la gélatine soit entièrement dissoute. Retirer du feu et verser dans une passoire. Réfrigérer.

Dans un bol séparé, crémer le fromage à la crème, le sucre et la vanille jusqu'à ce que le mélange soit léger. Ajouter 330 ml (1 1/3 tasse) de coulis aux fraises au mélange de fromage. Bien mélanger. Verser dans la croûte préparée et réfrigérer environ 3 heures ou jusqu'à ce que le mélange soit presque pris. Glacer du reste de coulis aux fraises et réfrigérer jusqu'à ce que le tout soit pris. Donne 8 portions.

Le gâteau au fromage et aux fraises de Season's in Thyme est facile à préparer et offre une présentation merveilleuse ►

Pouding d'été anglais

AUBERGE DE CAMPAGNE SALMON RIVER HOUSE, RIVIÈRE-AUX-SAUMONS, N.-É.

Célébrez l'arrivée des fraises en servant ce dessert traditionnel anglais. L'aubergiste nous fait remarquer que vous pouvez tout aussi bien remplacer les fraises par des framboises.

2 L (8 tasses) de fraises fraîches, rincées et équeutées

125 ml (1/2 tasse) de sucre

8 tranches de pain rassis, la mie seulement

125 ml (1 tasse) de lait

300 ml (1 1/4 tasse) de crème à 35 %

30 ml (2 c. à table) de sucre (optionnel)

Préparer les fraises et placer dans un grand bol. Saupoudrer de sucre et mélanger délicatement afin de dissoudre le sucre complètement. Beurrer et tapisser un bol rond et profond de pellicule de plastique. Humecter les tranches de pain avec le lait et presser fermement sur la surface interne du bol en réservant 2 tranches pour le dessus du pouding.

Verser les fraises dans le bol et couvrir du reste des tranches de pain. Couvrir d'une pellicule de plastique. Réfrigérer 8 heures ou pendant toute la nuit.

Fouetter la crème et sucrer au goût. Au moment de servir, renverser le pouding délicatement dans une assiette de service; retirer la pellicule de plastique. Servir dans des coupes individuelles et garnir d'une touche de crème fouettée. Donne de 6 à 8 portions.

◄ *La crème Chantilly du chef Brian Veinott*

Crème Chantilly aux fraises

AUBERGE FALCOURT, NICTAUX, N.-É.

Voici un dessert qu'on peut servir de diverses manières. Le chef Brian Veinott suggère de servir ce dessert sur une tranche de gâteau des anges, sur une meringue ou encore dans des petits gâteaux éponge préparés.

6 à 8 portions de gâteau des anges

500 ml (2 tasses) de crème à 35 %

250 ml (1 tasse) de sucre à glacer

125 ml (1/2 tasse) de fraises fraîches, pilées

6 fraises entières, pour garnir

Répartir le gâteau des anges en 6 portions. Fouetter la crème jusqu'à la formation de pics mous. Saupoudrer lentement de sucre en continuant de fouetter jusqu'à la formation de pics fermes. Y plier délicatement les fraises.

Verser le mélange dans une poche à douille et garnir les morceaux de gâteau ou encore verser une petite quantité de crème sur les morceaux de gâteau. Garnir chaque assiette de fraises fraîches coupées en éventail. Donne de 6 à 8 portions.

FRAISES FLAMBÉES

PANSY PATCH, ST. ANDREW, N.-B.

Ce dessert offre une présentation spectaculaire. Le chef du Pansy Patch sert ce dessert garni de crème fouettée et surmonté d'une fraise.

90 ml (6 c. à table) d'eau

45 ml (3 c. à table) de sucre

6 grosses fraises, rincées, équeutées et coupées en moitié

45 ml (1 1/2 oz) de brandy

Crème glacée à la vanille

Préparer le sirop en faisant chauffer l'eau et le sucre dans une poêle jusqu'à ce que le mélange soit presque cristallisé. Ajouter les fraises et faire chauffer 3 minutes à feu élevé. Retirer la poêle du feu, ajouter le brandy et faire flamber. Servir la sauce aux fraises flambées sur de la crème glacée à la vanille. Donne 1 portion.

▲ La présentation spectaculaire des fraises flambées

FRAISES ET CRÈME AU SHERRY

GÎTE DU PASSANT MURRAY MANOR, YARMOUTH, N.-É.

Joan Semple, de Murray Manor, sert ce dessert au beau milieu de la saison des fraises, au moment où elles sont les plus sucrées. Lors de la préparation de la crème anglaise, elle nous recommande de voir à ce que l'eau de la partie inférieure du bain-marie mijote à peine et qu'elle ne touche pas à la partie supérieure.

4 jaunes d'oeufs

250 ml (1 tasse) de sucre

180 ml (3/4 tasse) de sherry sec

30 ml (2 c. à table) de brandy

1,5 L (6 tasses) de fraises fraîches

250 ml (1 tasse) de crème à 35 %, fouettée

Battre les jaunes d'oeufs environ 8 minutes ou jusqu'à coloration jaune pâle. Ajouter le sucre et continuer de battre jusqu'à l'obtention d'un mélange crémeux. Y incorporer le sherry et le brandy. Placer le mélange d'oeufs dans la partie supérieure d'un bain-marie. La partie inférieure doit contenir de l'eau chaude mais qui ne bout pas. Remuer constamment jusqu'à ce que le mélange épaississe. Verser dans un bol et laisser refroidir.

Laver, équeuter et assécher les fraises. Réserver 8 fraises pour garnir et couper le reste des fraises en moitié. Fouetter la crème jusqu'à l'obtention de pics très fermes et plier dans la crème anglaise. Y incorporer délicatement les fraises et réfrigérer.

Servir dans des assiettes individuelles et garnir de fraises entières. Donne 8 portions.

Les fraises dans une crème au sherry : un dessert idéal lorsque les fraises ▶ sont les plus sucrées

KIWIS ET FRAISES AU CHAMPAGNE

MAISON LISCOMBE,
LISCOMB MILLS, N.-É.

L'élégance et la simplicité — ce dessert se présente merveilleusement bien dans un verre sur pied! Le chef de la maison Liscombe prépare ce dessert lorsque les fraises sont abondantes.

2 kiwis, pelés et coupés en tranches de 0,5 cm (1/4 de pouce) d'épaisseur

60 ml (1/4 tasse) de sucre

500 ml (2 tasses) de fraises fraîches, coupées en moitié

180 ml (3/4 tasse) de champagne

Placer les kiwis préparés dans un grand bol et saupoudrer de sucre. Laisser reposer 30 minutes. Mélanger les fraises aux kiwis et répartir dans 6 assiettes à dessert. Au moment de servir, verser le champagne sur les fruits. Donne 6 portions.

FOLIE AUX FRAISES FRAÎCHES

ACTON'S GRILL AND CAFÉ,
WOLFVILLE, N.-É.

Chez Acton's, la populaire « folie » est servie avec les fruits de la saison.

1,25 L (5 tasses) de fraises équeutées

250 ml (1 tasse) de sucre

5 ml (1 c. à thé) de rhum ou de brandy, facultatif

250 ml (1 tasse) de crème à 35 %

Feuilles de menthe fraîches, pour garnir

Réserver quelques fraises entières pour garnir. Dans un mélangeur, réduire le reste des fraises en purée. Y ajouter le sucre et l'alcool et laisser reposer 1 heure à la température de la pièce, en remuant à l'occasion. Couvrir et réfrigérer plusieurs heures.

Tout juste avant de servir, fouetter la crème et plier dans la purée de fraises. Servir dans des assiettes individuelles. Garnir de fraises entières et de feuilles de menthe. Donne 6 portions.

Les kiwis et les fraises au champagne : une recette qui allie simplicité et élégance ▶

Fraises marinées de Darlington's on Duke

DARLINGTON'S ON DUKE, HALIFAX, N.-É.

Chez Darlington's on Duke, on sert cet élégant dessert avec une mousse au chocolat blanc ou au chocolat noir. Chacune de ces versions est délicieuse.

1 L (4 tasses) de fraises fraîches, rincées et équeutées

30 ml (2 c. à table) de sucre

60 ml (1/4 tasse) de vinaigre balsamique

Mousse au chocolat noir (voir recette)

Copeaux de chocolat et feuilles de menthe, pour garnir

Couper les fraises en quatre et saupoudrer de sucre. Y verser le vinaigre et bien mélanger. Réfrigérer 2 heures.

Répartir les fraises dans des verres sur pied et ajouter la mousse au chocolat. Garnir de copeaux de chocolat et de feuilles de menthe. Donne de 6 à 8 portions.

Mousse au chocolat noir *(recette de l'auteure)*

250 ml (1 tasse) de crème à 35 %

60 ml (1/4 tasse) de sucre extra-fin

2 jaunes d'oeufs

55 g (2 oz) de chocolat noir semi-sucré

Fouetter la crème dans un bol refroidi au préalable jusqu'à ce qu'elle épaississe. Incorporer le sucre de façon graduelle, en continuant de battre jusqu'à la formation de pics fermes. Réfrigérer. Placer les jaunes dans un petit bol à mélanger et battre environ 3 minutes ou jusqu'à ce que le mélange devienne couleur jaune citron. Dans un bain-marie, faire fondre le chocolat jusqu'à consistance crémeuse. Laisser refroidir un peu et incorporer les jaunes d'oeufs. Plier la crème fouettée dans le chocolat, quelques cuillerées à la fois, jusqu'à ce que le tout soit bien mélangé. Réfrigérer 2 heures avant de servir. Donne 300 ml (1 1/4 tasse).

Les fraises marinées de Darlington's on Duke peuvent être servies avec du chocolat blanc ou noir ▶

TOURS EN CHOCOLAT BLANC ET BAVAROISE AUX FRAISES

SEASONS IN THYME, SUMMERSIDE, Î.-P.-É.

Le chef Stefan Czapalay prépare ses tours en chocolat en badigeonnant des cylindres de plastique de couches de chocolat. Les cuisiniers un peu moins aventureux peuvent servir la bavaroise aux fraises dans des coupes en chocolat.

Tours en chocolat

225 g (8 oz) de chocolat blanc

115 g (4 oz) de chocolat blanc (2e portion)

8 languettes de plastique de 7,5 x 15 cm (3 x 6 po), repliées pour former des cylindres

Faire bouillir 750 ml (3 tasses) d'eau dans un bain-marie. Mettre la première quantité de chocolat dans un bol parfaitement sec. Placer le bol directement au-dessus de l'eau bouillante. Fermer le feu et mélanger jusqu'à ce que le chocolat soit complètement fondu. Ajouter la deuxième quantité de chocolat et mélanger jusqu'à ce que la température du chocolat atteigne 30 °C (89 °F). À l'aide d'une petite spatule ou d'un couteau, étendre plusieurs couches de chocolat sur chacun des cylindres en plastique. Mettre de côté dans un endroit frais et sec. Ne pas réfrigérer.

Bavaroise aux fraises

375 ml (1 1/2 tasse) de fraises fraîches, rincées, équeutées et tranchées

75 ml (5 c. à table) de sucre

1 sachet de gélatine en poudre

500 ml (2 tasses) de crème à 35 %

Fraises fraîches, pour garnir

Placer les fraises dans une casserole de grandeur moyenne, saupoudrer de sucre et laisser mijoter à feu doux jusqu'à ce que les fraises rendent leur jus. Cuire à feu moyen-élevé 4 minutes, en remuant constamment. Retirer du feu et verser dans une passoire. Vous devriez obtenir 250 ml (1 tasse) de sauce. Mettre 125 ml (1/2 tasse) de sauce de côté et réfrigérer le reste. Saupoudrer la gélatine dans la sauce refroidie et laisser agir 5 minutes. Plier le mélange de gélatine dans la sauce chaude et mélanger jusqu'à ce que la gélatine soit entièrement dissoute. Réfrigérer le mélange.

Fouetter la crème jusqu'à la formation de pics fermes. Y plier délicatement la sauce aux fraises refroidie.

Au moment de servir, retirer soigneusement la pellicule de plastique des tours en chocolat et remplir de bavaroise aux fraises. Garnir de fraises fraîches. Donne 8 portions.

◄ *Le chef Stefan Czapalay agrémente ce dessert en servant la bavaroise aux fraises dans des tours en chocolat blanc, formées de plusieurs couches de chocolat*

DESSERT AUX FRAISES FALCOURT

AUBERGE FALCOURT, NICTAUX, N.-É.

Le chef Brian Veinott sert ce dessert magnifique dans des verres sur pied élégants. Si la variété de fraises que vous utilisez est sucrée, vous pourrez réduire la quantité de sucre de la recette.

1 L (4 tasses) de fraises fraîches, rincées, équeutées et coupées en moitié

80 ml (1/3 tasse) de kirsh

80 ml (1/3 tasse) de sucre

250 ml (1 tasse) de crème à 18 %

Feuilles de menthe fraîches, pour garnir

Mélanger les fraises, le kirsh et le sucre et verser dans des flûtes à champagne. Y verser la crème et garnir de feuilles de menthe fraîches. Donne de 6 à 8 portions.

Le dessert aux fraises Falcourt : un dessert élégant servi dans des verres sur pied ▶

INDEX